Collège Expérimental d'Aviculture

de Château-Thierry

Château de Blesmes

Cours Complet

par correspondance

Quatrième Leçon

Collège Expérimental d'Aviculture

de Château-Thierry

Château de Blesmes

Cours Complet

par correspondance

Quatrième Leçon

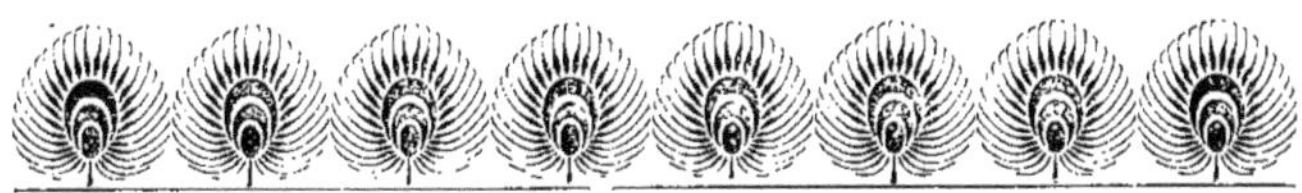

Incubation Naturelle

But de l'Incubation

L'incubation a pour but de transformer le germe contenu dans l'œuf en un poussin. Ce travail s'opère soit au moyen de l'animal qui couve (incubation naturelle) soit au moyen de couveuses artificielles ou incubateurs (incubation artificielle).

Cette transformation est provoquée par un apport de chaleur. La chaleur ne crée pas la vie, elle ne fait que la porter à un niveau tel qu'il y a développement des cellules ; elle ne crée pas des tissus vivants (rien ne se crée, tout se transforme). Si l'on examine une fine lamelle de quartz au microscope, on voit des cavités où se meuvent des molécules qui y sont emprisonnées. Elles y sont depuis la formation de ce quartz et elles s'y meuvent depuis qu'elles y sont. Elles s'y mouvront jusqu'à la destruction du quartz. Le mouvement est une propriété de la matière. Le germe de l'œuf est doué de vie et la vie n'est que le mouvement, lequel est immortel sinon éternel. La chaleur amplifie ce mouvement, ce qui amène la segmentation des cellules et leur groupement ordonné.

Durée de l'Incubation

Les œufs de tous les volatiles ne nécessitent pas la même durée d'incubation :

L'œuf de poule doit être couvé pendant 21 jours
—   cane . . . . 28 à 30
—   cane de Barbarie. . . . . 35 à 37
—   oie. 30
—   dinde. . . . . 28 à 30
—   pintade. 27
—   faisan 25
—   paon 30
—   pigeon . . . . 18 à 19

Le nombre de jours est compté à partir de l'heure de la mise en incubation. Ainsi une incubation d'œufs de poules commencée un lundi à huit heures du soir est virtuellement terminée un lundi à huit heures du soir si les conditions requises pour une incubation normale, avec des œufs normaux et frais, ont été toutes en jeu dedans l'opération. Dans la pratique, il n'en est pas toujours ainsi, l'éclosion ne se produit pas toujours avec la même exactitude. L'état de l'atmosphère peut avoir une influence sur la durée de l'incubation qui est retardée par les temps froids et humides, parce que l'œuf n'a pas assez rapidement le nombre de calories nécessaires ou parce que l'évaporation des liquides contenus dans l'œuf (échange gazeux entre l'œuf et le milieu extérieur) a manqué d'intensité. Dans le cas contraire, l'incubation peut être avancée. La durée et la qualité de l'incubation sont influencées par d'autres causes encore. Ce sont : l'âge des œufs mis en incubation, c'est-à-dire le temps qui est écoulé depuis leur ponte, la manière dont les œufs ont été conservés, la vigueur des germes, la quantité d'eau contenue dans les œufs, la qualité de leurs coquilles, enfin leur plus ou moins grande propreté.

AGE DES ŒUFS

Par âge des œufs, nous entendons le temps qui est écoulé depuis leur ponte.

Les œufs dont le jaune est encore pourvu de la vésicule germinative ne sont jamais aptes à être fécondés. Pour qu'ils aient cette aptitude, la vésicule germinative doit être remplacée par un pronucléus jemelle très petit, formé aux dépens de la vésicule germinative. Le blastoderme est l'ensemble des deux feuillets cellulaires différenciés. C'est la membrane sur laquelle se trouve l'aire transparente. La blastula est le vrai nom du germe au moment de la ponte ou juste avant la gastrulation qui se produit soit en incubation, soit dans le corps de la poule (ponte retardée, rétention de l'œuf) soit au soleil. Le disque germinatif contient le germe ou blastula formé par la réunion de la cellule mâle et de la cellule femelle. Ce germe, avant la ponte de l'œuf, est doué de vie et subit même un commencement de développement si l'œuf est retenu dans l'oviducte un certain temps avant d'être expulsé au dehors. C'est ainsi que nous avons trouvé à plusieurs reprises un fœtus de poussin dans des œufs absolument frais pondus. Le cas est heureusement très rare.

Quand l'œuf est pondu, deux cas peuvent se produire : ou bien l'œuf est soumis immédiatement à la condition de chaleur exigée pour le développement de la blastula et l'incubation commence : ou bien il est mis en attente pour être incubé plus tard et alors la vie de la blastula se ralentit de jour en jour pour s'arrêter tout à fait lorsque l'œuf sera trop vieux. Si l'œuf contenant une blastula vivante mais à vie ralentie est soumis à une température voisine de celle de la poule qui l'a pondu, sa vie augmente d'intensité et le germe se développe pour donner naissance à un poussin. Mais si l'on a attendu trop longtemps, deux choses peuvent se produire : le germe est mort et ne se développe pas, ou bien il se développe mais finit par mourir soit en cours d'incubation, soit à la naissance, ou bien il donne naissance à un poussin vivant mais faible. Ce poussin mourra à l'élevage ou donnera des résultats franchement mauvais. L'animal qu'il deviendra « mourra en dette » comme disent les Américains.

D'autre part, en vieillissant, le blanc ou albumen se dissocie ainsi que le jaune ou vitellus : ils deviennent aqueux, se résorbent peu à peu en eau, perdent la consistance nécessaire à leur bon équilibre et la composition chimique indispensable à la vie du germe.

Il ne faut donc pas mettre en incubation de vieux œufs, l'expérience a prouvé qu'il ne faut pas dépasser 8 jours de conservation et que les meilleurs œufs sont ceux qui sont le plus proches de la ponte, en pratique 1 ou 2 jours.

Enfin, nous devons ajouter que, pour avoir une éclosion rapide et meilleure, il faut s'efforcer de mettre en incubation en même temps des œufs pondus à la même date ou à des dates très rapprochées. Les œufs vieux donneraient leur éclosion après ceux plus frais et l'éclosion serait « délayée », c'est-à-dire aurait une trop longue durée. Non seulement les poussins tardifs seraient de mauvaise qualité, mais on serait gêné pour les alimenter normalement au début. Une bonne éclosion se fait en moins de douze heures. La meilleure est donnée par des œufs pondus le même jour.

CONSERVATION DES ŒUFS

La vigueur des embryons ne dépend pas seulement de l'âge des œufs, mais aussi de la façon dont ils ont été conservés depuis le moment de leur ponte jusqu'à celui de leur mise en incubation. Si l'œuf a été maintenu trop longtemps sous la poule, il y a eu développement immédiat du germe puis ralentissement de sa vie pendant sa conservation. Ce germe, la chose la plus fragile au monde, subit un à-coup dans son développement et a déjà une tare à son début.

Si, par les journées chaudes du printemps et de l'été, on laisse l'œuf exposé à la chaleur, le même fait se produira, avec en plus une évaporation rapide et funeste des liquides qu'il contient. L'œuf placé dans un milieu trop chaud « sue ». Si, au contraire, il a été soumis après la ponte à une température trop froide, la vitalité du germe pourra être diminuée dans de telles proportions que celui-ci en subira toujours une fâcheuse influence. Il arrive en hiver que tel œuf a été presque gelé ; il faut le ramener *lentement* à la température optima de conservation qui est de 8 à 12 degrés centigrades, car un brusque passage d'une température à une autre lui causerait beaucoup de mal. Il ne faut donc pas réchauffer de tels œufs dans une pièce trop chaude, ni dans les mains. Si l'œuf a subi une température de zéro degré sans que la coquille ne soit fêlée, il vaut mieux ne pas le mettre couver car il y a eu commencement de dissociation des molécules et le germe peut être tué ; dans tous les cas, il est très affaibli.

Pour éviter que les œufs ne subissent une trop grande chaleur ou un trop grand froid, il faut les enlever du nid le plus tôt possible après la ponte : 6 fois par jour par temps de gel, 3 fois par jour par temps chaud, 2 fois quand la température est douce.

Lorsque chaque récolte est terminée, rangez les œufs dans un lieu sain, sans courant d'air, sans odeur, de degré hygrométrique moyen et où la température se maintient entre 8 et 12 degrés centigrades. Les opinions sont partagées au sujet de la substance sur laquelle les œufs doivent être placés pendant la conservation : certaines personnes les enfouissent dans du son, oubliant que le son est gras et que les pores sont bouchés par cette graisse. D'autres les conservent sur un lit de grain, et pourtant le grain nourrit des micro-organismes. Il est parfaitement inutile de conserver les œufs dans une substance empêchant l'œuf de s'évaporer, car si l'œuf évapore de l'eau pendant la période de conservation il en perdra encore plus lorsqu'il sera soumis à l'effet de la chaleur et tout œuf dont le contenu s'évapore trop avant l'incubation ou dont la manvaise qualité de la coquille permet une trop grande évaporation pendant la conservation ne donnera que de mauvais résultats à l'incubation, quelle que soit l'intensité de cette évaporation avant l'incubation.

La meilleure façon de conserver les œufs est de les placer à plat sur des claies de toile métallique galvanisée formant le fond des tiroirs de l'armoire à œufs. L'air circule tout autour des œufs. Un retourne œufs simple permet de les retourner sans travail deux fois par jour.

Si vous vous servez de nids-trappes, inscrivez le numéro de la poule sur le petit bout de l'œuf et aussi sur le « plat ». Le premier numéro vous permet d'identifier le poussin plus facilement, à moins que vous vous serviez de cages à pedigrees qui, le 19ᵉ jour, ne contiennent chacune que les œufs d'une même poule, car l'identification du poussin sous la poule, lorsque vous avez des œufs de plusieurs poules de même race, est impossible. Le deuxième numéro vous permet de reconnaître vos œufs quand ils sont à plat, c'est-à-dire dans la position la plus favorable pour une bonne conservation. Mettez ensemble sur une ligne les œufs de chaque sujet et groupez ceux d'un même parquet, vous les reconnaîtrez et les choisirez beaucoup plus facilement au moment de la vente ou à celui de l'incubation. Vous ne risquerez pas de commettre d'erreur. Retournez-les chaque jour, car le jaune, plus léger que le blanc, remonte et le germe toujours placé à la partie supérieure pourrait venir adhérer à la membrane de l'œuf. Nous disons de procéder aux inscriptions sur le petit bout de l'œuf et non sur le gros bout car le gros bout est souvent cassé pendant l'éclosion, le petit bout jamais.

Les deux membranes qui entourent le blanc laissent entre elles au gros bout de l'œuf, un espace rempli d'air appelé chambre à air ou chambre coquillère. Cette chambre n'existe pas quand l'œuf est frais pondu, elle est causée par l'évaporation des liquides de l'œuf et se développe au fur et à mesure que l'œuf vieillit. Son développement permet de juger à peu près de l'âge de l'œuf, et comme elle continue de s'agrandir pendant l'incubation, elle permet de constater sans grande exactitude cependant, l'âge de l'incubation et l'hygrométrie.

La présence de la chambre à air comme magasin d'air est indispensable. Elle contient 27 parties d'oxigène au lieu de 23 qui est notre proportion à la surface de la terre. Cet excès d'oxygène est nécessaire pour le départ des germes car, combiné avec la chaleur à 39 degrés, ce gaz est doué d'une activité déterminant les transformations de la matière par un mouvement plus intense que celui propre aux molécules elles-mêmes. La vie est latente dans le germe et est accélérée par le mouvement de l'oxygène surchauffé. C'est dans la chambre à air que respire artériellement l'embryon par l'allantoïde qui rend de l'anhydride carbonique. Comme les positions relatives de l'embryon sont réglées minutieusement, si la chambre à air est sur le côté ou au petit bout, une partie trop faible de l'allantoïde est en contact avec cette chambre, et la respiration étant insuffisante, le développement du germe s'en ressent. Nous croyons personnellement que la chaleur détermine un courant électrique et que les ions agissent par les chalazes sur le germe et provoquent le mouvement de départ de sa transformation. L'une des chalazes serait le positif, l'autre est le négatif mais nous ne pouvons pas dire quel est le positif. Ceci n'est, bien entendu, qu'hypothèse.

De plus, il est souhaitable que le local dans lequel vous conservez les œufs soit obscur afin d'éviter l'influence radio-active qu'a la lumière sur tous les êtres organisés.

D'autre part, l'œuf est dans sa position normale quand son grand axe est horizontal. Quand on met un œuf debout, le point du jaune qui est le vitellus blanc plus léger que le vitellus jaune (lui-même plus léger que l'albumen) tend à se mettre vers le haut, vers la chaleur en incubation, précisément à cause de cette différence de densité. Les chalazes sont alors inclinées et elles peuvent se rompre. Nous voyons dans cet accident la preuve de notre théorie électrique, car vous admettez qu'avec ou sans chalaze le jaune s'oriente dans le banc. Le jaune s'oriente dans le blanc parce que le blanc n'est pas une sphère creuse, mais un liquide compact. Les chalazes n'empêchent pas le jaune de monter à la surface ni de descendre au fond. Et les mouvements du jaune au repos ont plutôt une cause chimique (dissociation) qu'une cause physique (différence primitive de densité).

Dans le transport des œufs des nids à la salle de conservation, de ce local au couvoir, manipulez-les doucement, évitez-leur les chocs qui peuvent avoir pour effet, non seulement de briser la coquille et de rendre de ce fait l'œuf parfaitement incapable de donner la vie à un poussin, mais aussi de rompre soit l'une, soit les deux chalazes qui maintiennent le vitellus en suspension dans l'albumen. Les chalazes sont des ligaments d'albumen très condensé, et tordus ; elles sont attachées d'une part à la membrane

vitelline qui entoure le jaune, d'autre part au blanc
de l'œuf lui-même, dans ses couches profondes. Que
la rupture se produise, le jaune flotte dans le blanc
et l'œuf est impropre à l'incubation.

On dit « une chalaze » et on prononce « Ka-
laze », d'un mot grec qui signifie « la grêle » à
cause de l'aspect de ces ligaments.

Il est communément cru que le repos que l'on
accorde aux œufs pendant les 24 heures qui suivent
leur réception a sa raison d'être pour donner au
jaune ou aux autres parties de l'œuf le temps de se
replacer dans leur position normale. C'est encore un
préjugé. Si besoin est, et ce n'est pas prouvé, le
jaune peut tout aussi bien se remettre dans sa position normale sous la poule ou dans la couveuse. Qui
l'en empêche ? Les transformations du début ne sont
pas tellement rapides qu'elles puissent entraver ce
repos. Mais si l'on permet aux œufs d'en user con-
fortablement pendant 24 heures avant de les mettre
en incubation ils auront simplement 24 heures de
plus, leur fraîcheur si précieuse, sera beaucoup moins
grande qu'à la réception, ce qui leur fait beaucoup
moins de bien ; de ce fait, plusieurs n'arriveront
pas à l'éclosion.

Depuis plusieurs années nous mettons en incubation tous les œufs que nous recevons aussitôt arrivés,
après le contrôle, la pesée, le mirage, bien entendu.
Ne pas plonger dans l'eau.

VIGUEUR DES GERMES

La vigueur des germes a une influence très grande
sur le résultat final. Nous avons vu comment la récolte
et la conservation des œufs peuvent affaiblir ou même

annihiler cette vigueur et tuer le germe. Mais de la vigueur du germe d'un œuf bien récolté et parfaitement conservé dépend aussi et surtout le résultat de l'incubation. Si le germe est malsain et faible, il a beau être placé dans les meilleures conditions possibles, ou bien il échouera, ou bien il donnera naissance à un être inutile. Car le point de vue qui nous occupe ici, l'aviculture pratique et de grand rapport, veut des animaux parfaitement sains et extrêmement vigoureux, par conséquent provenant de poussins parfaits. Or, sans très grande vigueur dans l'œuf et sans incubation parfaite sous tous les rapports, pas de vigueur dans la vie, pas de profit dans l'exploitation. C'est la pierre angulaire de l'aviculture.

Il importe donc souverainement d'assurer au germe le maximum de vigueur. On y arrive par les soins donnés aux géniteurs pendant toute leur vie et sur plusieurs générations, par le choix de ces reproducteurs, par des incubations parfaites et un élevage parfait. Vous trouverez dans ce cours une étude très détaillée des soins à donner aux reproducteurs. Disons qu'il existe une corrélation entre d'une part, le pourcentage de fécondation, la vigueur des embryons, la mortalité en cours d'incubation et en coquille, la mortalité sous éleveuses et d'autre part, la taille et le nombre des œufs pondus par les sujets devenus adultes, leur qualité comme reproducteurs et leur faculté de transmission de leurs qualités à leur descendance.

Disons ici préalablement que les rations mal balancées épuisent les reproducteurs et qu'un organisme fatigué n'a jamais produit un organisme vigoureux. Quand un animal a été malade, il faut absolument l'écarter du choix des reproducteurs. Si vous avez trop ou trop peu de coqs, s'ils sont trop jeunes ou trop vieux, si vos reproductrices sont aussi ou trop jeunes ou trop vieilles, si les coqs sont fatigués par un service trop dur et si les poules sont épuisées par une trop forte ponte ou une ponte trop précoce, la vigueur des germes est diminuée et la base de votre élevage, sur laquelle vous fondez votre espoir de gain est branlante !

En principe, toutes autres conditions étant normales — et ce sont les plus difficiles à obtenir — la meilleure fécondation est donnée par des poules qui font leur deuxième saison de ponte, qui ne sont pas épuisées par la ponte intensive (loin de nous de croire que la ponte intensive épuise *toujours* les poules) et accompagnées de coqs d'au moins de douze mois tenus à l'écart des poulettes depuis l'âge de deux à trois mois jusqu'à la période de reproduction. Les coqs de deux ans, ardents et vigoureux, sont préférables aux coquelets.

INFLUENCE DE LA COMPOSITION CHIMIQUE DES ŒUFS

Les œufs doivent contenir au degré optimum toutes les matières nécessaires à leur composition normale : trop de verdure donne des œufs aqueux, mauvais pour l'incubation ; pas ou pas assez de verdure est aussi mauvais. Le manque de vitamines donne des œufs moins nourrissants que les autres, il ne faut pas oublier que les vitamines sont nécessaires à la vie embryonnaire du poussin.

Une nourriture appropriée donne aux œufs la composition chimique indispensable.

CHOIX DES ŒUFS

On portera d'abord son choix sur la taille et le poids des œufs. La taille des œufs comme la couleur de la coquille sont transmises par le coq ; ce sont donc des qualités héréditaires. D'autre part, on a remarqué que les œufs qui ont un gros jaune donnent naissance à de gros poussins très vigoureux. Or, les gros jaunes sont le plus souvent contenus dans les plus gros œufs. Un œuf qui ne pèse pas 58 gr. donne souvent naissance à un poussin délicat. D'autre part, veillez à ne pas mettre en incubation les œufs par trop gros, car ils pourraient contenir deux jaunes. Ces deux jaunes contiennent souvent chacun un germe qui peuvent subir un commencement d'incubation mais ne tardent pas à succomber, l'un après l'autre.

Ceci fait, éliminer les œufs qui n'ont pas la forme ovale typique de l'œuf : les œufs ronds, les œufs pointus ou allongés. Enlevez en même temps ceux qui portent une forte couronne calcaire, des taches plus foncées ou de petits amas de calcaire formant des aspérités de la grosseur d'un quart d'une tête d'épingle : ne pas essayer d'ôter cette perle avec l'ongle, vous feriez un trou dans la coquille.

Eliminez aussi ceux qui ont le grain tendre et poreux, ceux qui ont la coquille trop épaisse et trop dure, ceux qui n'ont pas la couleur exigée par le standart de leur race.

Maintenant, mirez ceux qui vous restent afin de reconnaître s'ils n'ont pas de fêlure, si la coquille n'est pas parsemée de taches claires, si la chambre à air est bien à sa place.

Pour ce faire, mettez-vous dans un endroit sombre, allumez la lampe de votre mire-œufs s'il est à pétrole, préférez les mire-œufs électriques. Ces derniers exigent que l'œuf soit présenté dans la position horizontale, ce qui est parfait puisque l'œuf est conservé dans cette position et qu'à ce moment il est très fragile. On ne doit pas avoir à lui faire subir des retournements inutiles et surtout de mouvements brusques. Présentez chaque œuf devant l'ouverture ovale du mire-œufs et regardez-le par transparence. Vous ne voyez qu'une masse opaline claire. Cherchez la chambre à air au grand bout : vous ne la trouvez pas ? Faites faire entre vos doigts un mouvement de rotation à votre œuf, vous la découvrez soit dans le grand axe de l'œuf, soit légèrement sur le côté. Vous l'apercevez aussi parfois au petit bout de l'œuf ou aussi sur le côté. Quoique ces œufs puissent donner naissance à un poussin, il vaut mieux les remplacer par d'autres mieux conformés, car il faut toujours éviter de fixer un caractère défectueux.

A la dimension de la chambre à air vous pouvez reconnaître l'âge de l'œuf : exercez-vous avec des œufs de consommation dont vous connaissez l'âge. Il existe des calibres, peu pratiques d'ailleurs, permettant la mesure de la chambre à air.

Vous pouvez aussi utiliser pour le mirage, la baladeuse électrique, c'est-à-dire une ampoule portative, mais surtout pour mirer des œufs placés sur le tiroir de l'incubateur : vous faites passer la baladeuse sous chaque œuf et son contenu ainsi que sa structure apparaissent presque aussi clairement qu'avec le mire-œufs. C'est le mirage à grande vitesse employé pour les œufs des incubateurs géants.

Au mirage, examinez aussi la coquille pour reconnaître les fêlures éventuelles : elles ont la forme d'une mince ligne claire ou d'une cassure en étoile.

Voyez aussi si la coquille n'est pas parsemée de taches claires montrant qu'elle n'est pas de même structure ni de même épaisseur dans toutes ses parties. Les œufs qui ont de ces coquilles irrégulières n'éclosent

presque jamais. Ce sont presque toujours les mêmes
poules qui les produisent ; ces poules sont à enlever du
troupeau des reproductrices. Vous devez aussi mettre
à l'écart les poules qui donnent toujours soit des œufs
clairs, soit des faux-germes, soit des morts en coquille.

AUTRES RECOMMANDATIONS

Il vaut mieux ne pas mettre couver d'œufs sales.
C'est très facile quand on a le choix des œufs. Mais il
peut se faire que vous n'ayez que le nombre des œufs
nécessaires ou que vous vouliez faire éclore ces œufs
parce qu'ils viennent par exemple de vos meilleurs
reproducteurs pour lesquels vous désirez que chaque
œuf pondu vous donne un poussin. Dans ce cas, net-
toyez-les.

Si l'œuf ne présente que quelques traces de terre,
laissez-les. S'il est souillé par des excréments ou par
le contenu d'un autre œuf, il faut enlever la souillure,
mais le grand écueil à éviter est de remplir de saleté
les pores de la coquille qui ne sont pas bouchés. Il faut
d'abord ramollir la souillure par un bain prolongé
dans de l'eau à la température de la salle où vous
conservez les œufs. Vous remarquerez que la saleté se
détache, vient surnager ou descend au fond de l'eau.
Prolongez cette immersion une heure s'il le faut. Si elle
ne suffit pas, laissez l'œuf sécher sans essuyer, puis
frottez-le avec une petite brosse un peu dure ou avec
un linge à trame croisée et rude, sans toucher les
parties propres de l'œuf. Laissez sécher sans essuyer
dans tous les cas.

Retenez que le lavage des œufs abaisse le pourcentage d'éclosion de 7 à 8 pour cent.

Ne mettez pour une même incubation que des œufs

de même âge, de même race, de même couleur et dureté
de coquille, de même grosseur, l'éclosion sera plus
rapide et plus parfaite ; vos poussins incubés dans les
mêmes conditions auront presque tous le même degré
de vitalité, ils pourront recevoir en même temps leur
premier repas, ils seront plus robustes et vous donneront davantage de profit.

A plus forte raison ne mettez jamais d'œufs d'oiseaux d'espèces différentes, par exemple des œufs de
poules avec des œufs de canes, même en tenant compte
des dates différentes d'éclosion. Lorsqu'une incubation
est commencée, n'ajoutez pas d'œufs même de même
espèce, pour remplacer les clairs par exemple, car les
conditions requises ne sont pas les mêmes pour tous
les oiseaux à toutes les époques d'une même incubation.

INCUBATION NATURELLE

La poule sauvage avons-nous dit, pond quelques
œufs, autant qu'elle en peut couver en une seule fois, et
procède à leur incubation. La dinde et l'oie ont encore
très développé cet instinct de la perpétuation de l'espèce. La poule domestique, en général, a conservé
l'aptitude à l'incubation quoiqu'elle donne en une seule
ponte beaucoup plus d'œufs qu'elle n'en peut couvrir
de son corps et de ses ailes entr'ouvertes. Les races
asiatiques ont l'aptitude à l'incubation plus développée,
parce qu'elles sont plus près de leur ancêtre. Les races
méditerranéennes couvent moins ou pas ; peut-être les
Egyptiens, qui, de nombreux siècles avant notre ère,
pratiquaient l'incubation artificielle dans leurs mamals
séculaires, leur ont-ils fait abandonner cet instinct afin
de mieux les exploiter. Elles semblent se reposer de ce
soin sur l'homme, leur maître. Elles sont arrivées à un

degré de domesticité plus élevé, elles sont plus perfec-
tionnées et de plus grand rapport.

Lorsque la poule demande à couver, elle reste plus
longtemps que d'habitude sur l'œuf qu'elle vient de
pondre. Les premiers jours elle peut avoir encore l'instinct de conservation personnelle plus fort que celui
de la perpétuation de l'espèce : elle vous échappe si
vous voulez la saisir ; mais bientôt celui-ci devient
plus aigu : lorsque vous vous approchez d'elle, elle fait
entendre un cri de protestation, hérisse les plumes de
la nuque et du camail, écarte les ailes, cherche à piquer
la main du bec, comme si elle voulait défendre sa
couvée encore absente.

Vous constatez que sa température s'est élevée, que
ses muscles pectoraux, situés de chaque côté du bréchet
ou sternum se dénudent.

La peau apparaît rouge de chaleur. Elle glousse,
mange quelquefois gloutonnement et cherche à retourner sur le nid. Elle est prête à recevoir les œufs que
vous désirez qu'elle couve.

Mettez son nid dans une pièce un peu sombre, aérée,
saine. Ce nid, fait de paille brisée ou de foin, doit être
placé dans une caisse sans fond, peu profonde, placée
sur le sol.

Le nid prêt, placez-y deux ou trois œufs d'essai ou
des œufs en plâtre, les œufs en porcelaine étant trop
froids. Avant la tombée de la nuit, placez-y la poule
après avoir saupoudré le dedans de son plumage de
poudre de pyrèthre phéniquée afin de la débarrasser de
la vermine qu'elle pourrait avoir.

Pour lutter efficacement contre la vermine qui peut
importuner la couveuse au point de lui faire quitter
ses œufs, remplacez un de ses œufs à couver par un
autre préparé comme suit :

Percez-le aux deux bouts et videz-le de son contenu en soufflant dedans par un des trous. Remplissez-le de morceaux d'éponge, que vous imbibez d'huile d'eucalyptus en la versant goutte à goutte. Bouchez les ouvertures avec du taffetas ou du papier gommés. Les vapeurs émises par l'huile d'eucalyptus chasseront la vermine de votre couveuse sans nuire aux embryons.

Votre poule reste sur le nid ? Laissez-là tranquille jusqu'au lendemain. Elle n'accepte pas le nid ? Enfermez-la dans une caisse sans fond, reposant sur le sol. Les parois de cette caisse ont 40 cm. de haut, elles sont grillagées et le grillage est recouvert de toile à trame claire. Recouvrez-la d'une planche mobile. Faites le nid assez épais pour que la poule soit obligée de se tenir accroupie sur ses œufs lorsque le couvercle de la caisse est fermé. Levez-la une fois par jour pour la faire manger et pour qu'elle satisfasse ses besoins naturels. Si au bout de deux ou trois jours elle n'est pas assidue sur ses œufs, si vous ne pouvez enlever le couvercle sans qu'elle les quitte, remettez-la au poulailler de ponte, elle ne couvera pas. Si vous avez dû vous procurer des poules couveuses dans une autre maison, seules les meilleures couveuses garderont le nid et mèneront leur incubation à bien. Il y a toujours un gros inconvénient à se procurer des poules couveuses au dehors : le voyage les a effarouchées, elles ne connaissent pas les personnes qui leur donnent des soins, bref, les causes d'échec sont multiples.

Si la poule accepte son changement de résidence, enlevez le couvercle puis les toiles mobiles, elle pourra mener son incubation à bien.

Donnez à votre poule de l'eau pure, du maïs concassé, de la farine de maïs, du tourteau de lin. Ce qui la menace c'est l'échauffement. Cette affection se traduit soit par la constipation, soit par la diarrhée, soit par ces deux malaises, car le second suit presque toujours le premier. Surveillez donc les fientes de votre couveuse ; les fientes sont le miroir de l'estomac. Donnez-lui de la salade, du son mouillé, de l'oseille si elle se constipe. Préférez les orties hachées, les grains dans le cas contraire.

On ne donne pas de farine de viande ni de poisson aux poules couveuses.

Veillez à ce que la poule quitte ses œufs au moins une fois par jour pour se vider et manger. Laissez-la faire, sa nature est un guide sûr.

La poule retourne ses œufs chaque jour et ramène au centre ceux de la périphérie afin que tous reçoivent la même quantité de chaleur. Si vous voyez dépasser l'extrémité d'un ou de deux œufs, ne vous en inquiétez pas.

Si la poule salit ses œufs, lavez-les comme il a été dit, mais dans de l'eau maintenue à 38 degrés. Renouvelez le nid chaque fois qu'il est souillé.

Au fur et à mesure que l'incubation avance, la poule se montre plus assidue : il semble qu'elle ait conscience du rôle qu'elle joue, de la vie qu'elle crée. Cela est si vrai que si tous les œufs sont clairs, elle couvera très mal et quittera probablement son nid.

Si pour une cause ou pour une autre, la poule a quitté son nid pendant plusieurs heures, la couvée n'en subira pas de dommages si cet accident n'est pas arrivé du 1ᵉʳ au 7ᵉ jour, ni après le 18ᵉ jour.

Le 20ᵉ jour est arrivé ; les poussins, vers la fin de ce jour, commencent à bécher, c'est-à-dire à percer en demi-cercle les membranes coquillères et la coquille à l'aide de la petite excroissance cornée qu'ils ont sur l'extrémité de la mandibule supérieure et qui tombe après la naissance. Le poussin est replié sur lui-même dans l'œuf ; il peut exécuter des mouvements de faible amplitude et se tourner. Il a une patte près de la tête ; avec cette patte et avec le dos, il exerce en s'arcboutant deux pressions en sens contraire : la coquille cède et se fend suivant le petit axe de l'œuf, souvent en son milieu. Le petit être se repose, puis reprend son travail, sépare davantage les deux parties et sort, en se traînant, laid, mouillé, presque sans vie. La douce chaleur de la mère le sèche et le réconforte. Le voilà bientôt sur ses pattes, il est devenu en quelques instants le joli petit poussin. Tout-à-l'heure, il passera la tête à travers les plumes de sa maman et, de ses petits yeux émerveillés, jettera au dehors son premier regard.

Depuis les béchages la poule ne se lève plus et suspend ses fonctions naturelles. Donnez-lui cependant quelques graines, de façon qu'elle puisse les saisir sans quitter son nid.

L'éclosion terminée, enlever les coquilles et les œufs qui n'ont pas donné de résultat. Vous pouvez d'ailleurs enlever les coquilles au fur et à mesure des naissances.

Vous avez dû procéder au mirage des œufs le 6ᵉ et le 15ᵉ jour.

MIRAGE DU 6ᵉ JOUR. — Examinez les œufs après les avoir transportés dans un local obscur et les avoir recouverts d'une étoffe chaude afin qu'ils ne se refroidissent pas trop. Profitez de ce que la couveuse en train de prendre un repas, vous éviterez de la déranger spécialement.

Servez-vous du mire-œufs électrique, les indications qu'il vous donnera sont plus précises que si vous mirez à la main.

Des œufs qui, par transparence, ne présentent qu'une masse claire, comme un œuf frais, ne sont pas fécondés ; ce sont des œufs « clairs ». Mettez-les de côté, vous les ferez cuire tout-à-l'heure et vous pourrez les donner aux poussins dès le 9e jour de leur existence, *pas avant.* Vous pouvez aussi les employer dans la pâtisserie.

Les œufs fécondés peuvent offrir trois aspects :

· Le plus grand nombre présente un embryon vivant composé d'un centre sombre, non noir, gros comme un tout petit pois et portant des filaments rouges s'écartant de lui en étoile, sinueux, formant comme les pattes d'une araignée dont le corps serait le noyau sombre. Ce centre est le germe et les pattes de l'araignée sont les vaisseaux sanguins qui vont tapisser l'intérieur de l'œuf et assurer la vie de l'embryon. Ces œufs devront être remis sous la poule.

D'autres présentent une petite tache noire collée à la coquille, c'est un germe mort. D'autres encore présentent un cercle rouge de 3 à 40^{mm} de diamètre ou un commencement de cercle. Ce sont aussi des faux-germes. Enfin vous pourrez apercevoir dans certains œufs une masse très sombre flottant à chaque mouvement imprimé à l'œuf. C'est un jaune flottant à la suite de la rupture d'une chalaze.

Ces trois dernières catégories d'œufs embryon adhèrent à la coquille, cercle sanguin, jaune flottant, sont à retrancher, ils ne peuvent éclore.

MIRAGE DU 15e JOUR. — Les œufs dont les embryons ont été menés à bien jusqu'à cette date présentent une chambre à air agrandie et une masse très sombre qui comprend tout le reste de l'œuf.

Ceux qui présentent une partie claire de plus ou moins grande dimension contiennent des embryons morts en cours de développement. Ils ont parfois une odeur caractéristique qui peut vous aider pour leur élimination. Enfin ils n'ont pas exactement la même température que les œufs vivants, ils sont un peu plus froids et vous pourrez vous en rendre compte en les appuyant sur votre paupière. Les personnes expérimentées, ayant le sens du toucher très sensible, peuvent les éliminer à coup sûr en les tâtant avec les mains, surtout avec le poignet.

Revenons à notre couvée.

Lorsque vos poussins sont bien gaillards, transportez mère et petits dans la boîte d'élevage, sur un lit de sable fin.

Laissez les poussins jeûner pendant les 48 heures qui suivent la naissance, la première heure n'étant comptée ni à partir de la naissance du premier poussin, ni à partir de la naissance du dernier, mais à dater du gros de l'éclosion. Vous vous assurez du moment du gros de l'éclosion en passant la main, de temps en temps, sous la couveuse et en comptant le nombre des poussins éclos. Vous pouvez en profiter pour écarter les coquilles vides qui gêneraient les poussins. La poule, toute entière à sa jeune progéniture, n'y met pas d'obstacle.

Ne faites pas faire une deuxième incubation à votre poule, même si vous faites éclore vos poussins dans une couveuse artificielle en les y plaçant le 19ᵉ jour et si vous les élevez artificiellement. Dans ce dernier cas mettez-la simplement dans le poulailler de ponte après lui avoir fait subir un régime alimentaire de transition pendant 4 à 5 jours. Nous disons qu'il serait dangereux de vouloir faire faire une deuxième incubation à votre poule parce que sa température ne serait plus assez élevée pour la mener à bien ; un thermomètre placé sous une aile de la couveuse en fin d'incubation ne marque plus que 37 à 38°. C'est que les œufs en cours d'incubation dégagent de la chaleur qui vient s'ajouter à celle de la poule. La température de celle-ci doit donc normalement décroître.

D'ailleurs, l'oiseau, déprimé par une longue immobilité et une perte énorme de calories, pourrait quitter le nid et abandonner tout désir d'incubation.

METTRE COUVER PLUSIEURS POULES

A LA FOIS

Vous devez vous efforcer de mettre couver plusieurs poules à la fois, car vous avez toujours avantage à travailler en série et vous aurez toutes ou une grande partie de vos naissances à la même époque. Votre travail ne sera d'ailleurs pas beaucoup plus long pour plusieurs poules couveuses que pour une seule. Enfin, après les mirages consécutifs, vous aurez la ressource de libérer une ou plusieurs poules que vous rendrez au poulailler de ponte. La même simplification sera faite à l'éclosion. Vous donnerez à chaque poule meneuse de 15 à 18 poussins, suivant sa taille et la saison.

Dans ce cas, une petite installation devient nécessaire, à moins que vous ne possédiez suffisamment de boîtes d'incubation et d'élevage, ce qui est bien la meilleure solution.

Si vous faites vos incubations dans un local, ne mettez ensemble que des poules se connaissant, c'est-à-dire venant d'un même poulailler ; vous éviterez des chicanes. Evitez que les poules se voient ; d'autre part, comme vous libèrerez des poules en joignant leurs œufs à ceux d'autres couveuses, ne mettez, autant que possible à la même date, que des œufs de même race : l'incubation sera mieux faite. Mettez-les toutes le même jour pour que les éclosions se fassent à la même époque.

La boîte d'élevage permet d'isoler chaque poule ou de n'en mettre que deux à la fois.

BOITE D'ELEVAGE

Une boîte d'incubation et d'élevage se compose de deux parties : 1° Un petit poulailler occupant un tiers de l'appareil. 2° Un parc couvert et grillagé occupant le reste.

Les dimensions totales à donner peuvent être de 1 m. 80 de long, 0 m. 55 de large, et le toit, incliné sur le côté, sera à 0 m. 80 du sol à sa partie la plus haute, à 0 m. 60 à sa plus basse. Ce toit est en deux parties, l'une au-dessus du poulailler, l'autre au-dessus de l'abri.

Pour que la pluie ne rentre pas dans cette éleveuse, le liteau sur lequel les deux toits reposent est taillé en forme de gouttière. Le poulailler porte un plancher mobile, surélevé de 0 m. 10. Sur un de ses côtés est clouée une planche oblique de 0 m. 10 de large et formant plan incliné. Elle sert aux poussins pour remonter à l'abri dans le poulailler et les empêche en même temps de se rendre sous le plancher. La cloison qui sépare les deux parties de l'appareil est pleine dans son tiers inférieur et grillagée dans son tiers supérieur. Elle porte, dans ses coins inférieurs des orifices de sortie qui seront des glissières verticales. Les deux bouts ainsi que le côté bas de la boîte sont pleins. Le grand côté est grillagé et peut être obstrué par des panneaux de bois et de toile de coton jusqu'aux deux tiers de sa hauteur, le tiers supérieur restant ouvert. Les toits, s'ouvrant vers le côté bas, sont retenus par deux chaînettes. Ils débordent en avant de 20 cm. du côté haut pour empêcher la pluie d'entrer à l'intérieur. Cette éleveuse se met en plein air. Elle permet de confiner les poussins dans le petit poulailler, de les laisser passer sous l'abri ou de les laisser sortir au dehors, car le bout de l'abri comporte un guichet poulière à glissière.

Pour mettre une ou deux poules à couver, on enlève le plancher et on fait le nid par terre. Quand les poussins sont éclos, on remet le plancher.

Dans une maison où on veut élever un nombre assez grand de poulets, on a intérêt à mettre couver un nombre important de poules à la fois ou dans un laps de temps relativement court, car on a toujours intérêt à avoir des poulettes du même âge, devant commencer à pondre à la même époque, soit en octobre. On évitera la grosse dépense occasionnée par l'achat de nombreuses boîtes d'élevage en construisant un petit hangar en appentis de 1 m. 30 de haut à l'arrière, 1 m. 70 à l'avant, de trois mètres de profondeur, et divisé en autant de pièces de 1 m. 50 de large que l'on voudra y mettre en même temps un nombre de poules couveuses égal à 4 ou 8. Dans ce dernier cas, une séparation mobile de 0 m. 60 de haut, munie d'une porte en son milieu, partage chaque salle en deux parties dans le sens de la longueur du bâtiment. Une porte pratiquée d'une salle à l'autre permet le passage. La façade comprend en bas, un panneau de planches bouvetées de 0 m. 80

de haut et portant une fenêtre rectangulaire horizontale pour l'éclairage du plancher ; le reste de la façade est formé par des panneaux contre la pluie.

Si vous mettez à couver huit poules en deux groupes séparés de 4 poules chacun, cinq poules conduiront les poussins et seront placées dans la division arrière de chaque salle. Des orifices de sortie permettront aux poussins de passer dans la partie avant, c'est là qu'ils recevront leurs repas. On conservera les couveuses les plus douces afin que règne le bon accord entre-elles. Quand les poules auront quitté leurs poussins, ceux-ci resteront dans ce poulailler jusqu'à la ponte, le nombre de divisions permettra de séparer les poulettes des coquelets et de procéder à l'engraissement d'une manière efficace.

Devant chaque façade, un orifice de sortie permet aux poussins de sortir dans un petit parquet de 1 m. 50 de large. Les clôtures de ces parquets sont mobiles, de manière que lorsque les poussins sont âgés de 6 semaines à deux mois, on peut les laisser beaucoup plus loin à gauche et à droite du bâtiment, on pourra agrandir les parcours en longueur, des divisions semblables pratiquées aussi derrière le bâtiment d'élevage donneront des doubles parquets pour la désinfection du sol et la repousse de l'herbe. Enfin on pourra ne laisser de chaque côté que deux divisions, l'une de petites dimensions pour les coquelets qui seront soumis à l'engraissement, l'autre plus grande qui sera à la disposition des poulettes d'élevage.

Plus loin, un petit poulailler pour les coquelets conservés pour la reproduction complètera cette installation.

ACCOUVAGE PAR LES DINDES

Un autre procédé d'accouvage naturel, plus expéditif, est l'emploi des dindes. Ces animaux peuvent être forcés, par l'homme, de couver à tous moments du printemps ou de l'été, même avant leur ponte.

Pour forcer les dindes à couver, il est pratique de disposer de cages individuelles de trente à trente-cinq centimètres de large sur soixante de long, possédant le fond et les deux grands côtés en grillage. Les deux bouts sont pleins et portent deux séries de trous sur deux rangs verticaux et percés à trois centimètres les uns des autres.

Pour accouver une dinde, on fait un nid dans le fond de la caisse, on y met quelques œufs d'essai en plâtre si possible, on force alors la dinde à rester accroupie sur ces œufs en faisant appuyer sur son dos une planche entrant facilement dans la caisse et maintenue à une hauteur convenable à l'aide de deux baguettes dont les extrémités sont engagées dans des trous des bouts de la caisse. Laissez la dinde dans cette position pendant 4, 5, 6 jours, jusqu'à ce qu'elle couve réellement, ce qui ne peut manquer d'arriver, en ayant soin toutefois de la lever une fois par jour, à l'heure fixée, pour la faire manger et lui permettre de se vider.

Lorsque la dinde est bien accouvée, donnez-lui ses œufs définitifs. Vous devez à ce moment soit descendre le niveau du nid, soit remonter la planche du dessus en engageant les bâtons dans les trous placés plus haut. Faites reposer cette planche sur deux bâtons afin que son poids ne se fasse pas sentir mais que la dinde se sache encore forcée. Au bout d'une semaine, si vous voyez la dinde bien affairée, vous pouvez enlever planche et baguettes.

Pendant l'incubation, levez la dinde deux fois par jour. Il est des dindes qui refusent de quitter leur nid et ne viennent manger que si on les enlève de force. Pendant le repas que vous faites durer de 5 à 10 minutes, suivant la température extérieure et le degré d'avancement de la couvaison, remettez le couvercle de votre caisse de façon que la dinde ne puisse se remettre sur ses œufs. Ne levez vos dindes qu'une fois à partir du 15ᵉ jour d'incubation.

Avant de confier vos œufs à la dinde, vous les avez marqués sur le côté d'une croix ou d'un rond. Voyez, chaque fois que vous levez la dinde, si les œufs sont retournés, sinon, retournez-les vous-mêmes. Vous pouvez, le 19ᵉ jour arrivé, faire éclore vos œufs dans une couveuse artificielle et en remettre de nouveaux à votre dinde. N'en remettez pas de nouveaux si la dinde a fait éclore les premiers sous elle.

La dinde est d'un naturel très gauche, elle écrase beaucoup d'œufs et de poussins ; c'est le seul reproche qu'on ait à lui faire. Remarquez qu'une dinde de taille moyenne couve de 20 à 25 œufs de poules et qu'elle peut élever de 30 à 35 poussins. Une ferme peut donc, avec 6 dindes, faisant chacune deux couvées, faire éclore 200 œufs pouvant donner 100 poulettes, si les couvées réussissent... ce qui est bien rare.

Tandis que les dindes de l'année précédente couvent bien, les poulettes le font moins bien, et lorsque l'on se sert de poules, il vaut beaucoup mieux choisir des poules de deux ans.

On aura avantage, parce que dans ce cas la mortalité sera moins grande, à élever les poussins, sur-

tout ceux éclos sous les dindes, artificiellement, à
l'aide d'éleveuses artificielles.

INCONVÉNIENTS DES INCUBATIONS

NATURELLES

Si l'on calcule le pourcentage de poussins obtenus
par l'incubation de poules ou de dindes, on est généralement stupéfait de la pauvreté des résultats obtenus.

C'est qu'en effet beaucoup de poules refusent de
couver après en avoir manifesté le désir. C'est que
d'autres quittent leur nid sans raison apparente :
leur désir est passé. C'est que d'autres cassent des
œufs, ou bien ne les retournent pas, ou bien fientent
dans le nid qui est infect. Les œufs sont alors salis, ne
peuvent pas être nettoyés convenablement. Il arrive
que les poules, si elles sont plusieurs, vont chicaner
leurs compagnes, prendre leur place, etc. Le travail
est plutôt désagréable, comparé avec celui causé par la
conduite d'une bonne couveuse artificielle. Lorsque
l'on ne pratique que l'incubation naturelle, on s'expose
presque toujours à faire naître trop tard en saison
(les poules ne demandant à couver que rarement en
saison propice) ce qui est *toujours* un désastre.

De plus l'incubation naturelle coûte trop cher.
Une poule qui couve et élève ses poussins, cause une
perte d'environ 25 œufs à 0 fr. 40, soit de 10 francs.
Si elle réussit très bien, vos poussins vous revien-
nent à 1 franc la pièce de plus que le prix des
œufs, ce qui est trop cher, car cette dépense vient
s'ajouter à celle causée par le logement, les soins,

la nourriture que reçoivent reproductrices et reproducteurs.

En admettant que le rendement moyen de l'incubation naturelle soit de 50 pour cent (et il n'atteint pas ce chiffre, car nous comptons tous les œufs mis en incubation), il faut, pour produire et élever 600 poussins, mettre en incubation 100 poules, d'où une première perte de 1.000 francs en œufs non pondus. A cette dépense il faut ajouter 1200 œufs à 0 fr. 40 soit 480 francs. Total des dépenses, non compris la main-d'œuvre : 1480 francs. Prix de revient de chaque poussin : 1480 fr. : 600 = 2 fr. 45.

L'incubation artificielle est moins chère : 600 poussins peuvent être produits par l'incubation de 900 œufs, dans un appareil de 300 œufs faisant trois incubations successives. Cet appareil coûte environ 1000 francs et est amorti en 10 ans. La première année il est porté en dépenses pour :

Intérêt de 1.000 fr. à 7 %.... 70 fr.
Amortissement 1/10 .... 100 fr.

Total...... 170 fr.

Les trois incubations coûtent en combustible environ 60 fr., et les 900 œufs à 0,40 : 360 fr. La dépense totale pour 600 poussins est donc de : 170 + 60 + 360 = 590 fr. ou 600 francs en chiffres ronds. Chaque poussin revient donc à UN franc.

Enfin, non seulement les poussins venus au monde dans une couveuse artificielle coûtent moins cher que ceux nés à l'aide de poules, mais ils peuvent toujours naître aux dates voulues par l'aviculteur, condition absolument nécessaire de succès en Aviculture.

DÉVELOPPEMENT DU GERME
ET DE L'EMBRYON PENDANT L'INCUBATION
FÉCONDATION DE L'ŒUF

Lorsque les poules sont privées de coqs, les œufs sont évidemment clairs, c'est-à-dire non fécondés. Si à ces poules, le douze Janvier, par exemple, nous donnons des coqs féconds et vigoureux en nombre suffisant, nous pourrons mettre couver les œufs pondus après le premier février, soit 18 jours après. La moitié des poules donneront des œufs fécondés huit jours après l'introduction des coqs, une petite partie pourra même donner le lendemain ou le surlendemain de cette introduction, des œufs parfaitement fécondés.

Inversement, si à une certaine date on enlève les coqs d'un troupeau, des poules pourront donner dès le lendemain des œufs inféconds, huit jours après plus de la moitié donneront des œufs clairs, enfin dix-huit jours après tous les œufs pondus seront clairs.

D'autre part vous savez que la dinde est fécondée pour toute sa ponte, c'est-à-dire pour la vingtaine d'œufs qu'elle pond en une seule fois, par une seule monte, à telle enseigne que les personnes qui ne possèdent qu'une ou deux dindes conduisent leurs femelles au mâle, comme ils font pour leur vache.

Comment donc s'opère la fécondation ? Disons d'abord que ce mystère est assez difficile à pénétrer, que les opinions émises à ce sujet sont assez divergentes. Faut-il assimiler la fécondation de la poule à celle de la dinde ? Oui, à notre avis.

La poule peut pondre plusieurs œufs fécondés par une seule monte. C'est un fait. La majorité des

poules ne sont fécondées que sept à huit jours après
la monte, c'est un autre fait. Voyons, à la lumière
de ces deux constatations ce qui se passe pendant la
fécondation. Les spermatozoïdes émis par le coq
remontent l'oviducte à la recherche de la cellule
femelle contenue dans la vésicule germinative ou
blastoderme. Le spermatozoïde a la forme d'un têtard
microscopique, possédant une tête où est le noyau de
la cellule, et une queue où est le protoplasma et qui
est animée de mouvements serpentiformes très rapides. Il chemine lentement dans les liquides secrétés
par la muqueuse de l'oviducte. Il atteint le tube
albuminipare ou la trompe et y attend la cellule
femelle.

Lorsqu'un ovule tombe dans la trompe ou arrive
dans le tube albuminipare, le spermatozoïde se pré-
cipite sur la cellule femelle et s'y engloutit.

La fécondation ne peut avoir lieu à travers la
membrane vasculaire ; il faut donc rejeter l'hypothèse de la fécondation dans la grappe ovarienne.

La longévité des spermatozoïdes explique comment
un œuf fécondé peut encore être pondu quinze jours
après le contact du coq ; la poule sauvage faisait
une courte ponte et se mettait à couver, il faut
admettre, comme c'est encore le cas pour la dinde,
que les œufs d'une seule ponte étaient fécondés par
une seule monte, mais la domestication a amoindri
la vigueur des sujets et partant celle des spermatozoïdes. Celui du dindon a conservé sa longévité
primitive.

Il arrive que les poules trop grasses pondent des
œufs non fécondés ou inféconds, cela tient à ce que
la graisse obstrue les passages de l'oviducte, arrête
les spermatozoïdes dans leurs évolutions et que les

liquides secrétés par la muqueuse de l'oviducte ne
sont plus assez fluides ; ni en assez grande quantité
pour favoriser l'ascension des germes mâles.

De ces considérations, il résulte que vous pouvez
considérer comme fécondés les œufs des poules qui
sont depuis quinze à dix-huit jours avec leur coq.
Si auparavant d'autres coqs ont été avec les poules,
cela n'a aucune importance, aucun cas de fécondation
des premiers n'est plus possible, et les poules ne
peuvent avoir gardé une empreinte due aux premiers
contacts. L'imprégnation n'existe pas pour les volatiles, du moins en ce sens. On a soutenu qu'elle
existe par la vue ; ainsi des poules blanches en parquet ayant été élevées avec des poules noires et en
voyant de leur parquet ont donné des poussins
ayant des taches noires. Peut-être s'est-il agi unique-
ment d'un phénomène d'atavisme ; peut-être y avait-
il eu, à une époque lointaine, une introduction voulue
ou accidentelle de sang de volaille à plumage noir ?
C'est probable. Il faudrait, pour affirmer ces choses,
faire soi-même des remarques sûres après avoir tenu
des années les mêmes lignées de volailles sans introduction d'un sang nouveau non connu depuis le même
laps de temps, ce qui est trop désavantageux pour
l'expérimentateur.

EVOLUTION DE L'EMBRYON

Les cellules sexuelles s'appellent gamètes. L'ovule
est la gamète femelle. Elle est chargée de matériaux
de réserve appelés vitellus. Le spermatozoïde est la
gamète mâle. L'ovule est immobile ; le spermatozoïde
est doué de mouvement pour aller à la recherche de
la gamète femelle. Il comprend une tête ou noyau

spermatique et une queue ou appendice flagellaire qui lui sert à se déplacer comme les vibrions.

Origine des gamètes : Elles prennent naissance aux dépens de la glande génitale. Au cours du développement de l'embryon, la glande génitale est d'abord indifférente, c'est-à-dire qu'elle n'est ni mâle, ni femelle. Elle ne prend un sexe que plus tard. Elle est généralement différenciée, mais elle peut aussi donner les deux sexes : Elle est alors hermaphrodite. Mais, même dans les organes différenciés, c'est-à-dire ayant un sexe particulier, il y a des cellules semblables dans les deux sexes, qui paraissent donc être indifférentes, et dont le rôle est de régénérer soit les œufs (ovules), soit les spermatozoïdes.

La formation des ovules s'appelle l'ovogénèse, celle des spermatozoïdes la spartogénèse.

Tous les ovules ne viennent pas à maturité : Il y a des cellules abortives qui sont éliminées. D'où erreur commise par les vieux auteurs (*Buffon* 60, *Marion Didieux* 600) prétendant au petit nombre d'ovules de la poule. On a d'ailleurs constaté des pontes de 1200 œufs par poule. Les ovules, comme les spermatozoïdes, sont régénérés, formés au fur et à mesure de leur élimination par les organes génitaux.

Phénomènes caractéristiques de la formation des gamètes femelles : Le plus caractéristique de ces phénomènes est la formation d'un système d'enclaves nutritives ou vitellus destinées à nourrir l'embryon. Ce vitellus est peu abondant chez les mammifères. Il l'est beaucoup plus chez les poissons, les oiseaux. La formation du vitellus est la vitellogénèse. La production du vitellus est un phénomène de secrétion

intra-cellulaire très compliqué. A la fin de la vitellogénèse, le noyau se porte à la périphérie du vitellus. Chez beaucoup d'animaux, l'œuf ovulaire (le jaune
entier chez les oiseaux) est entouré d'une membrane
vitelline. A un pôle, cette membrane est percée d'un
petit trou destiné à la pénétration du spermatozoïde :
c'est le micropyle.

Phénomènes morphologiques de la fécondation :
Le spermatozoïde, à la suite d'un phénomène d'at-
traction facilité dans bien des cas par des forma-
tions spéciales de l'œuf ovulaire, pénètre dans cet
œuf par le micropyle. Le noyau de l'œuf ou gamète
femelle a expulsé le premier globule polaire. Puis
elle expulse le second, revient alors vers le spermatozoïde qui s'est débarrassé de son appareil flagellaire
ou queue et ne se compose plus que de la tête ou
noyau spermatique. Ces deux cellules se fondent.

Chez les oiseaux la fécondation est polyspermique,
c'est-à-dire que plusieurs spermatozoïdes pénètrent
simultanément dans l'œuf. Un seul sert à la fécondation véritable. Les autres, relégués dans la zone
vitelline auront cependant une destinée spéciale.
Maintenant, le germe, formé de la réunion des deux
gamètes va se développer. Ce développement prend
le nom d'ontogénèse ou d'embryogénèse.

Du développement du germe : La fécondation
déclanche des phénomènes de développement immédiat : il se produit immédiatement une segmentation
que nous étudierons plus loin. Ce développement en-
traîne des conséquences éloignées pour l'individu qui
naîtra de l'œuf et pour toute sa descendance. C'est
l'étude de l'hérédité qui nous montrera quelles sont
ces conséquences. Nous étudierons brièvement quels sont

les phénomènes de la fécondation qui causent les phénomènes d'hérédité ou plus exactement se superposent à eux.

On a essayé de remplacer dans la fécondation le spermatozoïde par un excitant quelconque qui variait selon les idées théoriques des divers auteurs. Les excitants chimiques ont donné des résultats tels que Delage a pu de cette façon obtenir des oursins complets. La piqure, surtout si elle introduit dans l'œuf des éléments cellulaires quelconques, globules blancs du sang, a donné à Bataillon des résultats remarquables. Loeb a employé des solutions hypertoniques : Delage des solutions coagulantes et décoagulantes. En réagissant, l'œuf se segmente, c'est-à-dire se divise en plusieurs cellules différenciées. Du moment que l'on a réussi à provoquer dans l'œuf une division normale, la segmentation s'achève et le développement suit. Il est donc fort possible que le spermatozoïde n'agisse sur les phénomènes de la segmentation que comme un excitant banal, comme une piqûre. (Champy). D'autre part, il est un fait anciennement connu et qui paraît en contradiction avec ce que nous disions plus haut : on ne peut féconder utilement les œufs d'une espèce que par les spermatozoïdes d'une espèce assez proche. Non pas que l'on ne puisse obtenir la segmentation de l'œuf, mais cette segmentation s'arrête bientôt et le germe meurt. Dans quelques cas seulement, lorsque les espèces sont très éloignées, l'œuf se développe, donnant une larve qui n'est pas un hybride mais qui ressemble à la mère. Le spermatozoïde a joué son rôle d'excitant, mais pas son rôle de support des qualités héréditaires : un élément spermatique appelé chromatine, dégénère et n'entre pas en jeu.

Que, dans une fécondation normale, on altère la

chromatine de l'un ou de l'autre gamète géniteur, le
descendant obtenu n'a que les caractères morphologiques de l'être qui a produit la gamète dont la chromatine n'a pas été altérée.

Nous voyons donc quelle est l'importance de cette
chromatine dans les phénomènes d'hérédité.

DÉVELOPPEMENT DE L'OVULE
ARRIVÉ A MATURITÉ

En général, les œufs sont des cellules énormes. L'œuf
de poule est une seule cellule. Ce que nous appelons le
jaune, et qui est le vitellus, comprend une tache claire,
disque germinatif ou tache cytoplasmique, de quelques millimètres de diamètre et placée en un point de
la périphérie du vitellus. Le disque germinatif présente
en son centre une zone claire dite « aire transparente »
par opposition à la zone périphérique dite « aire opaque ». Elle forme le pôle animal ou protoplasmique du
vitellus. Dans le voisinage de la tache cytoplasmique,
on distingue un vitellus blanc, qui occupe tout une zone
au centre du vitellus et qui est sensiblement moins
coloré que le reste du vitellus ou vitellus jaune. Entre
les deux et jusqu'à la membrane vitelline qui entoure
le jaune on trouve une série de zones alternativement
blanches et jaunes qui dessinent des stries concentriques. Le vitellus jaune forme le pôle vitellin. L'axe
passant par les deux pôles est l'axe organique. Il divise
le vitellus en deux parties concentriques. Cet axe organique est en même temps l'axe d'équilibre : en effet,
le vitellus blanc ayant une moins grande densité que
le vitellus jaune, lorsque l'œuf est au repos, la tache
cytoplasmique ou germinative est à la partie supérieure

du vitellus. C'est là que l'on trouvera le germe aux mirages, en cours d'incubation.

Les œufs polarisés, comme les œufs des oiseaux, sont appelés télolécithes.

SEGMENTATION DES ŒUFS TELOLECITHES
A VITELLUS TRES ABONDANT (Oiseaux)

Les deux cellules initiales, le gamète mâle et le gamète femelle se réunissent pour former un pronucléi jemelle. Ce pronucléi se segmente en deux, puis chaque que nous appelons à cause de sa dualité pronucléi partie en deux, etc.... C'est la multiplication des cellules par karyokinèse. Chez les oiseaux, il se forme ainsi une morula primitive composée à la partie supérieure d'une couche de cellules ou ectoderme, puis d'une cavité appelée cavité de segmentation, séparant l'ectoderme du reste, puis une couche de cellules, puis enfin la cavité sous-germinale. La cavité de segmentation s'oblitère rapidement, tandis que la cavité sous-germinale s'agrandit, chez les œufs n'ayant que peu de vitellus (mammifères par exemple) et en général chez les œufs dont l'embryon se nourrit aux dépens de la muqueuse utérine.

Des observations nombreuses et anciennes montrent que très fréquemment des régions déterminées de l'œuf correspondent à des parties déterminées du futur embryon. Ainsi pour l'œuf de poule, on peut prévoir quelle sera la situation de l'embryon. Si l'on place l'œuf devant soi de telle sorte que le petit bout soit à gauche, l'embryon sera placé la tête en avant.

GASTRULATION

Chez les animaux inférieurs :

Les cellules du germe en formation, formation que l'on appelle, pour ce stade, la gastrulation, se développent de la façon suivante : Les éléments les plus près du pôle vitellin s'invaginent, c'est-à-dire forment une concavité. Entre le feuillet supérieur (octoderme) et le feuillet inférieur (entoderme) est une cavité. C'est l'intestin primitif ou cavité gastruléenne. La larve ainsi formée s'appelle gastrula. Un orifice fait communiquer cette cavité gastruléenne avec l'extérieur : c'est la bouche primitive ou blastopore.

Chez les oiseaux, le fait est moins simple.

Au milieu de l'aire transparente apparaît une zone plus foncée : c'est l'aire embryonnaire. Puis au milieu du croissant apparaît un renflement dit bouton du croissant, qui s'allongera vers le centre de l'aire embryonnaire formant la ligne primitive terminée par le nœud de la ligne primitive. Cette ligne primitive peut être considérée comme une expansion de la lèvre du blastopore, orifice de l'intestin.

Un épaississement se produit bientôt en avant de la ligne primitive : c'est le prolongement céphalique. L'aire transparente s'accroît prenant la forme ovale.

Au niveau de la ligne primitive, les deux feuillets sont soudés ; cette soudure végète activement en émettant de chaque côté une lame mexodermique. Puis le prolongement céphalique se soude au mexoderme. Bientôt il s'en isole et ne reste plus soudé qu'à l'endoderme.

Les bords de la gouttière nerveuse se soudent et forment le tube nerveux. La chorde, ou bourrelet longitudinal apparaît dans l'endoderme au niveau du prolongement céphalique.

L'endoderme s'étale sur le vitellus, entoure le germe en formant une cicatrice ou ombilic au pôle opposé à l'embryon. Au fur et à mesure que les extrémités se dégagent, des expansions correspondant à l'intestin antérieur et postérieur, se forment, de sorte que la portion renfermant le vitellus sera appendue comme un sac à la partie inférieure de l'intestin.

DÉVELOPPEMENT DE LA FORME DU CORPS

Des îles de sang apparaissent à la région postérieure du germe en une zone en croissont à la limite de l'aire opaque et de l'aire transparente que l'on appelle aire vasculaire.

La confluence des îles de sang forme un vaisseau périphérique ou *sinus marginal,* que l'on retrouve dans les faux germes du premier mirage. Le vitellus se résorbe et son enveloppe se flétrit au fur et à mesure du développement embryonnaire.

Une annexe nouvelle se développe : l'amnios ; en se développant l'embryon plonge dans le vitellus ; le blastoderme extra-embryonnaire forme des replis qui viennent se souder au-dessus de l'embryon : la cavité formée s'appelle amnios.

La formation de l'amnios a deux conséquences (trois chez les mammifères) :

1° L'ectoderme se divise en deux sections : l'une tapisse l'amnios à l'intérieur, l'autre tapisse le germe à l'extérieur et constitue la vésicule séreuse ;

2° L'embryon ne trouvant plus dans cette cavité fermée l'oxygène qui lui est nécessaire, forme un organe respiratoire qui est l'allantoïde.

Enfin dans le cas des mammifères, il y a formation du placenta.

Les organes entodermiques : la *chorde*, se forme et formera le squelette. Elle n'est à l'origine qu'un bourrelet de cellules. L'*entoderme* définitif, constitué par un épithélium qui va donner lieu au tube digestif et à ses annexes, suivant le processus suivant :

Intestin preoral et formation de poches branchiales ; formation de la bouche, de la partie stomodéale ou ectodermique du tube digestif (formation du bec), formation annexe de l'appareil thymo-tyroïdien, des poumons. Le poumon des oiseaux est très spécial à cause des communications larges qui s'établissent entre les alvéoles et des dilatations que présentent les canaux bronchiques. Cette disposition est en rapport avec l'existence des sacs aériens et permet à l'air de traverser le poumon d'une part en venant par la trachée, d'autre part en sortant des sacs aériens.

Dérivés de l'entoderme moyen. — Le tube digestif se transforme par une série de dilatations et de reploiements qui aboutissent à la formation de l'estomac, de l'intestin grêle, des cœcums. Il était relié au sac vitellin par le canal vitellin qui subsiste encore longtemps. Lorsque l'intestin sera développé, il débouchera au tiers postérieur de l'intestin et laissera un résidu : le diverticule de Mockel. Le mesoderme deviendra le péritoine viscéral et le mésentère, mince feuillet reliant entre elles les circonvolutions intestinales.

Le foie naît comme une évagination de la paroi ventrale du tube entodermique. Le pancréas et les autres glandes digestives procèdent de même.

Intestin postérieur. — La portion postérieure de l'entoderme a donné lieu à l'allantoïde. Elle comprend en même temps que la partie postérieure du tube digestif, l'intestin post-anal qui devient le cloaque. Les

organes de reproduction sont ébauchés à ce moment,
ainsi que ceux d'excrétion.

Dérivés du Mésoderme. — C'est la formation de la
musculature, des reins et de l'appareil urinaire, des
glandes génitales, des conduits uro-génitaux, des
glandes surrénales.

Organes ectodermiques

Peau, corne et bec, plumes, poils, ongle, ovaire,
organe des sens, système nerveux, nerfs, cerveau.

Plumes

Les plumes sont des productions de l'épiderme :
une papille dermique coiffée de son épiderme devient
saillante en même temps que l'épiderme engaîne sa base.
L'épiderme élabore de la substance cornée au contact
de la papille ; cette substance cornée deviendra la
papille elle-même avec ses barbes. La papille dermique
régresse à mesure que la plume pousse, cette régression
produit la cavité de la hampe et ses étapes successives
sont marquées par des calottes cornées que l'on trouve
à l'intérieur.

Organes mesenchymateux — Squelette
Squelette de la tête, du corps, des membranes
Appareil cardio-vasculaire

La circulation fœtale se développe dans les parois
de la vésicule ombilicale. Ces vaisseaux, croissant vers
l'embryon finissent par l'envahir. Ils y pénètrent en
avant du canal vitellin : ils formeront là des arcs aortiques et le cœur et l'aorte. Les deux aortes se souderont
au milieu, dans la moitié postérieure de l'embryon ;
secondairement ces vaisseaux se raccordent au système

cardio-viscéral antérieur. A ce moment, le circuit sanguin est constitué par un cœur simple veineux. Le
sang en sort par les arcs aortiques et, de l'aorte, va à
l'aire vasculaire vitelline par des rameaux nombreux.
Il revient pas le sinus terminal et les veines vitellines.
Celles-ci se réunissent en entrant dans l'embryon en
un vaisseau unique pour chaque côté : la veine omphalo-
mésentrique.

Les rameaux, d'abord nombreux, qui réunissaient
l'aorte au réseau vitellin, se réunissent peu à peu en un
vaisseau unique : l'artère vitelline.

Pendant ce temps, d'autres vaisseaux se développent
dans l'embryon : ce sont deux veines dirigées vers
l'avant : les veines jugulaires ; et deux vers l'arrière :
les veines cardinales. Ces veines se réunissent en un
canal commun : le canal de Cuvier qui rejoint la veine
omphalo-mésentérique. La circulation vitelline existe
seule chez les amniotes.

Cœur

Son ébauche est paire chez les amniotes. Très précoce chez les amniotes.

Lorsque l'œuf est soumis aux conditions nécessaires
pour l'incubation, il continue son développement inter-
rompu pendant la conservation de l'œuf. Voici quel est
le processus de cette évolution :

1ᵉʳ et 2ᵉ jour

L'embryon est entouré d'une membrane, l'amnios,
qui assure sa protection ; la membrane vitelline part
de la région ombilicale de l'embryon et des vaisseaux
sanguins apparaissent dès le début du développement.

Les excrétions qui vont se produire pendant le développement de l'embryon vont se masser dans une poche, qui est l'allantoïde, et qui vient se placer contre la chambre à air. Cette chambre à air ne sert pas à la respiration de l'embryon, mais, comme l'allantoïde vient se placer contre elle, il faut admettre qu'elle sert à emmagasiner les gaz délétères produits de ces déchets, et qui, autrement, pourraient nuire à l'embryon.

A cette date le cœur commence à se former, il apparaît sous la forme de deux noyaux ; des rudiments d'yeux se montrent, le tube intestinal se compose de deux parties qui se réunissent près de l'étranglement annal, près du jaune.

3ᵉ jour

Le cœur bat, les vaisseaux sanguins sont plus nombreux et plus larges, le foie paraît.

4ᵉ jour

Les yeux et la tête peuvent être identifiés. Le bec et les ailes sont reconnaissables, le cœur se forme.

5ᵉ jour

Le cœur est fermé, il a deux oreillettes et deux ventricules, le blanc de l'œuf se trouble.

6ᵉ jour

Les poussins apparaissent ainsi que les pattes, l'œil est plus gros, le bec très visible, les vaisseaux sanguins bien apparents, le gésier distinct du ventricule, le jaune prend une teinte verdâtre, le blanc diminue toujours. On constate la formation des os (Haller). Le foie est rouge.

7e jour

La colonne vertébrale se forme, le cœur est parfait, le cerveau et le cervelet sont visibles, le bec est gélatineux, mais peut être ouvert.

8e jour

La membrane allantoïde entoure l'œuf, les reins sont rouges, les ongles, la rétine et le cristallin sont formés, les pattes remuent.

9e jour

Le fœtus remue, le bec est formé, on distingue les premières plumes.

10e jour

Le jaune se trouble, le bec se solidifie, les plumes sont plus nombreuses, l'œil est entouré d'un cercle blanchâtre.

11e jour

L'œil s'ouvre et se ferme, le fœtus se développe. Le fœtus grossit de plus en plus.

12e jour

Le bec s'ouvre seul, la crête apparaît, les poumons se développent.

13e jour

Il n'y a presque plus de blanc, le jaune devient rouge, le poussin est emplumé et a la tête en travers.

14e jour

La tête est emplumée, l'allantoïde disparaît.

15ᵉ jour

Les écailles des pattes s'accentuent.

16ᵉ jour

Les pattes ont pris leur couleur définitive.

17ᵉ jour

Il n'y a plus de blanc, mais encore un peu de jaune, le bec est dur, le poussin est animé de mouvements brusques et nerveux.

18ᵉ jour

Si on casse un œuf, le jaune s'altère et devient verdâtre.

19ᵉ jour

Le bec est garni d'une pointe cornée qui sert au poussin à briser sa coquille. Le poussin bêche.

20ᵉ jour

Le jaune a disparu, le poussin sort.

Nous conseillons à nos élèves de casser chaque jour d'une incubation un ou plusieurs œufs, de les examiner attentivement afin de pouvoir plus tard juger à quelle époque est mort tel embryon et de pouvoir ainsi améliorer les incubations.

DENSITE OU POIDS SPECIFIQUE

La densité moyenne des œufs normaux est de 1,100. Elle correspond à 12 degrés Baumé. C'est au densimètre spécial du Docteur Waldorf, qu'il faut faire appel pour la mesurer. La densité de 1,100 correspond

pour des œufs de 60 grammes, au 0 du densimètre. Tout
ce qui marque au-dessus de 0 (X, XX) a une densité
plus forte. Tout ce qui marque moins de 0 (1, 2, 3, 4, etc.)
a une densité plus faible. Or, nous avons vu que les
œufs ayant une forte densité donnent : 1° de meilleures
éclosions : 2° des poussins plus gros. Ceci se conçoit :
le blanc ayant une densité plus forte que le jaune, plus
l'œuf est pesant *spécifiquement,* plus il contient de
blanc et plus le poussin trouve de matières alimentaires
pour former son corps. Le jaune n'est que la nourriture
du poussin formé.

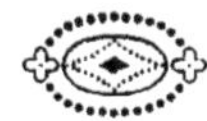

Questionnaire

1° Comment compte-t-on la durée de l'incubation d'œufs de poules ?

2° Qu'est-ce que le germe ?

3° Quels changements se produisent dans le germe lorsque l'œuf est pondu ?

4° Comment doit-on conserver les œufs à couver ?

5° Quelle est l'importance de la vigueur pour les germes ?

6° Les œufs peuvent-ils contenir trop d'eau ?

7° Comment procédez-vous au choix des œufs ?

8° Comment lave-t-on les œufs sales ?

9° Quel âge doivent avoir les œufs mis en incubation ?

10° Comment fait-on le nid de la poule couveuse ?

11° Comment lutte-on contre la vermine ?

12° Quels sont les soins à donner à la poule couveuse ?

13° A partir de quelle date compte-t-on l'âge des poussins ?

14° Peut-on faire faire une 2ᵉ incubation à une poule ? Pourquoi ?

15° Quels moyens pratiques emploie-t-on pour mettre couver plusieurs poules à la fois ?

16° Comment décide-t-on les dindes à couver ?

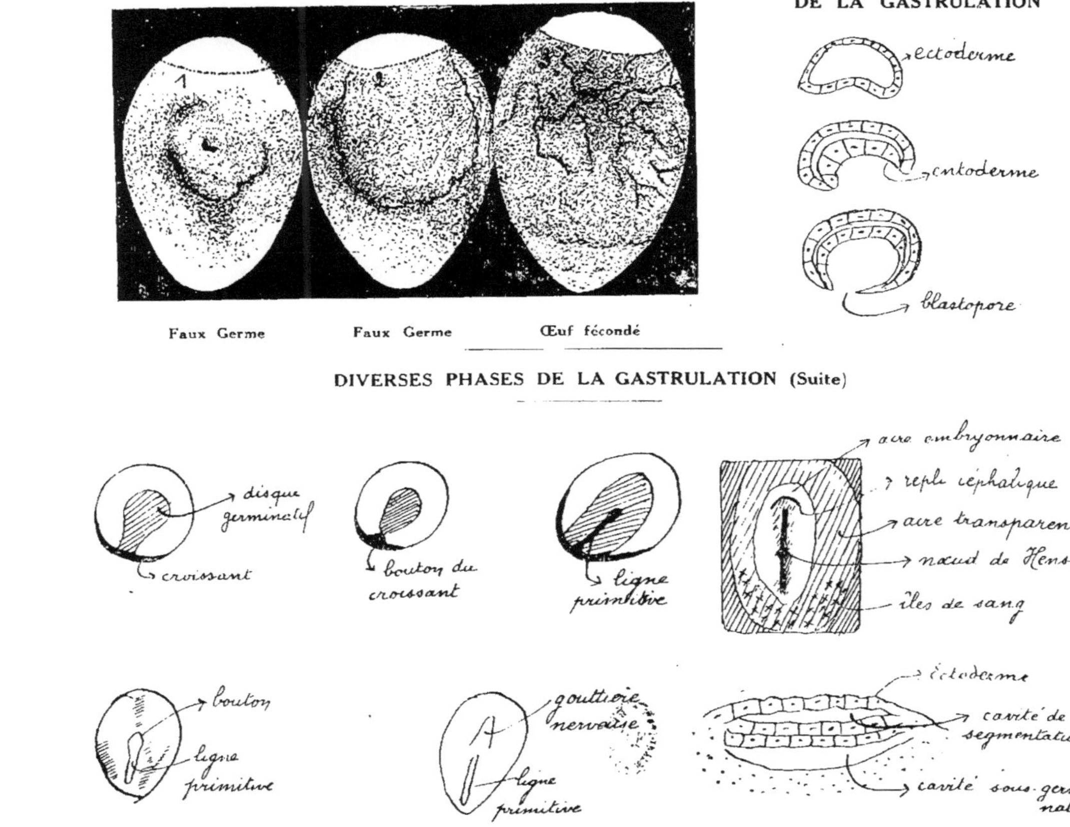

DIVERSES PHASES DE LA GASTRULATION (Suite)